AF464856

UNE EXCURSION

EN

INDO-CHINE

— DE HANOÏ A BANGKOK —

PAR

LE PRINCE HENRI D'ORLÉANS

Mémoire présenté au Congrès de l'Association française pour l'avancement des sciences
A Pau.

PARIS
CALMANN LÉVY, ÉDITEUR
RUE AUBER, 3, ET BOULEVARD DES ITALIENS, 15
A LA LIBRAIRIE NOUVELLE
1892

UNE EXCURSION

EN

INDO-CHINE

— DE HANOÏ A BANGKOK —

CALMANN LÉVY, ÉDITEUR

DU MÊME AUTEUR :

DE PARIS AU TONKIN PAR TERRE. . . . . 1 vol.
SIX MOIS AUX INDES . . . . 1 —

IMPRIMERIE CHAIX, RUE BERGÈRE, 20, PARIS. — 20852-9-92. — (Encre Lorilleux).

UNE EXCURSION

EN

INDO-CHINE

— DE HANOÏ A BANGKOK —

PAR

LE PRINCE HENRI D'ORLÉANS

Mémoire présenté au Congrès de l'Association française pour l'avancement des sciences

A Pau.

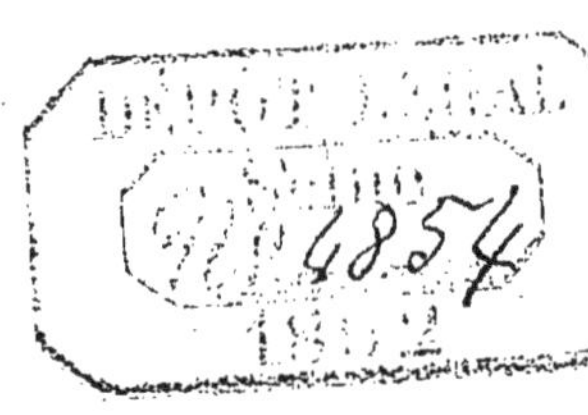

PARIS
CALMANN LÉVY, ÉDITEUR
ANCIENNE MAISON MICHEL LÉVY FRÈRES
3, RUE AUBER, 3

1892

UNE

EXCURSION EN INDO-CHINE

— DE HANOÏ A BANGKOK —

A la fin de notre long voyage à travers l'empire chinois, nous avons eu, M. Bonvalot et moi, la chance de déboucher au Tonkin; après la traversée du Thibet, peu peuplé, du Setchuen occidental bien misérable, du Yunnan montueux et aride, le delta du Song-Koï nous a semblé un pays enchanté, un nouvel Eden; n'étions-nous pas l'objet d'un mirage? Avions-nous bien le droit de juger avec nos précédents souvenirs comme point de comparaison? Et la richesse de la colonie française ne nous a-t-elle apparu qu'en raison de la pauvreté des régions déjà parcourues? Autant de questions qu'il m'importe de résoudre.

De prime abord admirateur du Tonkin, j'y retournerai pour avoir le droit d'en parler; il me faut en effet mieux le connaître que par le séjour d'un mois; mes impressions doivent s'appuyer sur autre chose que des renseignements vagues, sur des faits et des chiffres; une sorte d'enquête est à faire; c'en est le résultat que je veux vous soumettre ici.

Ma conférence se divisera naturellement en trois parties : dans la première, je vous dirai mon séjour dans le bas Tonkin; j'essayerai de vous faire en quelques traits un tableau de ce qui a déjà été créé, vous verrez facilement à côté ce qui reste à faire et c'est beaucoup.

La seconde nous conduira dans le haut

pays; ici, trois directions nous sont indiquées par le cours des eaux : à l'est, la voie de la rivière Claire; de ce côté, la pacification est loin d'être achevée; les travaux de chemin de fer ne sont guère avancés, et, d'ailleurs, les rapports de notre consul de Lang-Tchéou, de l'agent anglais de Pakoï, des employés des douanes chinoises, nous donnent des chiffres précis, qui nous permettent d'estimer, dans l'état actuel de la question, le commerce possible du Tonkin avec le Quang-Si et le Quang-Toung.

Au nord, le fleuve Rouge, l'artère principale du Tonkin, qui coule du Yunnan droit comme un *i* jusqu'à Hanoï. Nous avons eu la chance de le descendre dans mon précédent voyage.

Reste, à l'ouest, la rivière Noire, encore peu connue du public, malgré les nombreuses traversées de la mission Pavie;

c'est elle que nous allons remonter. A côté des renseignements commerciaux que nous pourrons y glaner, nous trouverons d'autres avantages ; les races qui peuplent ses bords, sa formation, sa faune, sa flore sont à peine étudiées; il y aura matière à nombreuses collections.

Enfin, la montée du Song-Bo nous mènera auprès du Laos.

Dans la troisième et dernière partie de ma conférence, je me propose de vous dire deux mots de cette région encore mal définie et dont le nom semble pourtant devoir revenir souvent dans l'histoire de l'Indo-Chine moderne. Un syndicat français cherche à mettre cette contrée en exploitation; des rivaux nous y disputent un terrain occupé par un tiers, et la poudre jetée aux yeux du public n'a souvent pour but que de lui cacher des convoitises plus grandes.

On peut dire du Laos, en étendant son nom à la région que traverse le Mékong, de la frontière du Cambodge à celle de Chine, qu'il est actuellement la clef de la question d'Extrême-Orient; c'est derrière le masque du Laos que les Anglais cherchent à nous couper les voies de pénétration en Chine et à nous devancer sur le grand marché du Céleste-Empire... (et ils marchent à grands pas). La question est brûlante, complexe, difficile à résoudre diplomatiquement dans un pays où chacun peut, avec justesse, invoquer des droits; passionnante pour nous, car d'elle, peut-être, dépend l'avenir de notre empire colonial en Indo-Chine.

En quelques mots, messieurs, j'ai essayé de vous indiquer le but que j'ai poursuivi en retournant au Tonkin. Je n'ai plus qu'à aborder le récit même de l'excursion, en sacrifiant souvent, pour plus de brièveté, les détails de la route au désir de vous exposer quelques-uns des résultats généraux qu'il me semble avoir constaté.

LE BAS TONKIN — LES CHARBONNAGES. — LA PIRATERIE ET LES MOYENS DE LA COMBATTRE.

Arrivé à la fin de décembre à Hong-Kong, j'ai la chance d'y assister à des essais qu'on fait du charbon du Tonkin ; ce dernier est brûlé à bord de plusieurs ferrys de la rade et dans les fourneaux de l'usine Jardine et Matheson. Le feu doit être entretenu avec soin. Mais le combustible produisant, à quantité égale, plus de calorique que celui du Japon, on réalise à son emploi une économie de près d'un tiers sur le japonais. Des chiffres donnent ainsi la mesure de succès du charbon de notre colonie.

Quelques jours plus tard, une chaloupe mise à ma disposition par un des capitalistes de Hong-Kong les plus convaincus de l'avenir du Tonkin, M. Cheater, me transporta de Haïphong à Hong-Hay ; de cette excursion dans les charbonnages, j'ai déjà envoyé un compte rendu détaillé à la Société de géographie commerciale.

Qu'il nous suffise de dire ici que deux gisements principaux exploités, l'un en galerie et l'autre à ciel ouvert, comme une simple carrière, et reliés au port par une quinzaine de kilomètres de chemin de fer à voie d'un mètre, donnent actuellement cent cinquante tonnes de charbons par jour et que dans quelques mois, lorsque les derniers kilomètres de rails seront posés, on pourra compter sur un rendement journalier de trois cents tonnes.

Au mois de décembre 1891, six mille tonnes ont déjà été envoyées à Hong-Kong; et lorsque j'ajouterai que la production totale d'un des centres d'exploitation (il y en a trois principaux dans la concession seule de Hong-Hay) est évaluée à plus de quarante millions de tonnes, je crois que j'aurai dissipé toute crainte qu'on pourrait avoir d'un rapide épuisement de la mine.

Plus loin, Kébao, dont les travaux ont été commencés plus tard et avec un moindre capital, suit pourtant honorablement l'exemple donné par son aînée Hong-Hay; les deux exploitations sœurs sont appelées à un grand avenir.

L'île de Kébao ferme la rade profonde de Tien-Yen ; les vaisseaux calant sept mètres pourront y trouver abri et venir aux plus basses marées jusqu'au pied de la falaise. Sur les îlots semés à l'entrée de la baie, comme des sentinelles aux avant-postes, des batteries vont être établies et derrière celles-ci sera créé un port de ravitaillement pour la marine militaire : peut-être alors ceux qui ont invoqué l'abandon par la France de la clef de l'océan Indien, le canal de Suez, comme argument contre l'occupation du Tonkin, comprendront-ils l'immense avantage pour la patrie d'être seule avec la Russie à posséder un grand port militaire dans l'Extrême-Orient ; et qui se souvient de la position critique dans laquelle le manque de combustible avait mis notre flotte, sous le commandement de l'amiral Courbet, sentira la force qu'elle se donne en contruisant ses appontements sur des assises de charbon.

En quittant Hong-Hay et Kébao, nous n'en avons pas fini avec la question de la houille au Tonkin : la prochaine carte géologique du pays sera marquée d'une large bande noire traversant la colonie dans sa plus grande étendue, du sud-est au nord-ouest ; apparaissant dans l'île de Haïnan, le charbon est connu à Kébao, à Hong-Hay, puis dans le Dong-Trieu, à Quang-Yen et encore sur les bords du fleuve Rouge, à Yen-Bay, à Lao-Kaï, où les essais ont révélé un combustible égal au meilleur cardiff ; ces charbonnages montent plus haut jusque dans le Yunnan, formant de véritables montagnes sur lesquelles le sabot du cheval se heurte à chaque pas au combustible. Je ne vous parlerai pas des traces connues et que j'ai moi-même relevées sur la basse et haute rivière Noire ; je ne vous entretiendrai pas de ce qui est encore à trouver, de ce qu'on découvre encore en ce moment ; je ne vous conduirai même pas aux célèbres exploitations de l'Annam ; je me bornerai à ce que je viens de vous énumérer au Tonkin même, il y a quelques instants, et je demanderai à chacun de vous, quelque opinion qu'il puisse avoir sur la question coloniale, s'il n'est pas tenté de joindre sa voix à celle d'un étranger, d'un Anglais, de lord Connemara, pour dire avec lui :

« Le Tonkin est appelé à jouer dans l'Extrême-Orient le rôle que joue l'Angleterre en Europe ; ce sera le grand producteur de charbon de l'Asie. »

Puisque j'en suis à invoquer les avis de nos rivaux en matière coloniale, il me plairait de me mettre encore ici sous le couvert d'un journaliste anglais pour vous parler de Haïphong ; je serais ainsi en garde contre l'accusation de partialité ; des citations vous intéresseraient peut-être, des faits vous parleront plus éloquemment.

En 1886, le Haïphong français se composait de quelques cabanes de planches et de bambous dressées au milieu des marais ; la mortalité était grande dans ce centre infectieux.

En 1892, des esprits facétieux (il s'en trouve partout) annoncent que pharmaciens et médecins sont sur le point de se mettre en grève. Sans croire cet âge d'or arrivé, je me contenterai de vous faire remarquer qu'en cette année bienheureuse un seul décès est constaté dans la population européenne de la ville ; nous ne comprenons pas dans celle-ci, bien entendu, les soldats malades évacués du haut Tonkin. Les mares ont été comblées avec des mottes de terre apportées les unes après les autres par des coolies ; sur ces mottes une ville s'est élevée : des canaux ont été creusés, et le voyageur qui suivrait les quais serait étonné de voir dans les chantiers qui bordent le fleuve Rouge les carcasses de navires construits de toutes pièces à Haïphong pour la montée des rivières du Tonkin.

C'est un de ces navires, appartenant à la Compagnie des messageries fluviales, dont les bateaux sillonnent la contrée, qui nous conduira en quinze heures à Hanoï. Il me faudrait plusieurs journées pour vous promener dans la ville et ses environs, vous montrer partout les résultats étonnants obtenus en peu d'années par des colons énergiques et travailleurs; le parti qu'on a su tirer de quelques produits déjà utilisés, le dressage qui a été fait d'indigènes, bien différents de nous, mais laborieux et intelligents, mis avec succès à des travaux entièrement nouveaux pour eux; le temps me presse, et pourtant vous éprouveriez, j'en suis sûr, un bien légitime sentiment d'orgueil national à visiter l'imprimerie, la typographie et la fabrique de papier de MM. Schneider, la fabrique d'allumettes de M. Courtois, les filatures de soie de MM. Dorel et Bourgoin-Meiffre, les broches à coton nouvellement arrivées de ce dernier, les ateliers de confection de M. Charpentier, que sais-je? Plus loin, le Jardin botanique, dirigé avec avec tant d'intelligence et à si peu de frais par M. Martin, jardin où chacun peut trouver à un extrême bon marché les jeunes plants nécessaires à tous les essais; et, plus loin encore, à quelques heures de bateau, les carrières de marbre et les cultures de café de Kécheu, dirigées par les frères Guillaume; le vaste établissement agricole créé par le regretté monseigneur Puginier, dont la figure plane dans l'histoire de la colonisation française en Indo-Chine au-dessus des partis et des croyances; les plantations de coton du Syndicat anglo-français, et tant d'entreprises diverses dont la mise en œuvre suffit seule à réduire à rien les dénégations de ceux qui refusent à la race gauloise le génie colonisateur.

Je m'arrête ici pour essayer de répondre à une question que je sens posée sur les lèvres de chacun.

— Si l'on a déjà tant fait, me direz-vous, que reste-t-il à faire?

Beaucoup, tout même, et c'est là que j'arrive au revers de la médaille.

Hong-Hay, Haïphong, Hanoï, et une zone environnante ne constituent pas tout le Tonkin; à droite et à gauche s'étend le Delta, où la population grouille, le Delta fertile avec ses rizières; et au-dessus du Delta, les plateaux encore non cultivés; plus haut encore les collines couvertes de forêts. Dans ces régions le colon ne se fixe pas; c'est à peine s'il les parcourt de temps à autre.

A part les charbonnages et quelques gisements d'antimoine, proches de ces derniers, les mines ne sont pas exploitées.

Les grandes cultures ne sont guère tentées; de vastes espaces de terre arable sont encore vierges du contact de nos charrues.

Tandis qu'à l'ouest, nous voyons les Anglais aller chercher leurs rubis dans les districts les plus reculés de la haute Birmanie, ou faire descendre leurs radeaux de teck de forêts éloignées; tandis qu'au sud les Néerlandais retirent de leurs vallées des centaines de millions sous la forme de feuilles de tabac ou de balles de sucre; tandis qu'à l'est, les Espagnols de Manille chargent des navires entiers de chanvre dit de Manille ou de jute, pourquoi nos compatriotes du Tonkin ne produisent-ils que sur une si petite échelle encore? Pourquoi ne se hasardent-ils guère en dehors d'une bande de terrain si étroite, alors que le pays est si grand?

C'est, dira-t-on, qu'il y a peu de routes; que les capitaux manquent; que beaucoup de préventions qui ont accompagné l'occupation du Tonkin subsistent encore. Tout ceci est exact; et pourtant là n'est pas encore la vraie réponse :

Nous sommes en retard, parce que *le*

pays n'est pas encore pacifié. Les *pirates* sont partout. Leur existence est la cause de notre faiblesse.

Des travaux dans une mine ont-ils été interrompus ? une récolte détruite ? un convoi arrêté ? un commerçant a-t-il disparu ? Chaque malheur, chaque catastrophe, chaque désastre est l'œuvre des pirates, force invisible, mystérieuse, sans cesse combattue et renaissant sans cesse de ses propres débris, semblable à ces annélides dont les tronçons sectionnés à l'infini reforment toujours des corps nouveaux.

Il ne m'appartient pas de faire ici une étude de la piraterie, de vous montrer la différence entre les contrebandiers et les rebelles, d'examiner les sentiments qui les animent, les moyens d'en venir à bout ; c'est parmi nous qu'il faut chercher la raison de leur durée et de leur force ; on ne peut la préciser et on la trouverait un peu partout : dans l'établissement de la ferme d'opium, qui fait naître les contrebandes; dans le peu d'unité d'action ; dans la trop longue rivalité qui s'est produite entre les pouvoirs civils et militaires ; dans le trop petit nombre de troupes européennes.

Dans une contrée grande comme la France, où nous ne pouvons pas opposer à douze millions d'habitants plus de trois mille soldats français, une position obtenue ne peut être gardée ; tout est sans cesse à recommencer ; est-on parvenu à acculer Lou-Ky dans le Dong-Trieu, qu'il faut l'abandonner, lui laissant les moyens de se reconstituer, pour porter l'attaque dans le Yen-Thé ; et ces opérations sur la rive gauche du fleuve Rouge permettront, à l'ouest, aux bandes du Doc Ngu de gagner du terrain et d'infliger de sérieux échecs à nos troupes, trop faibles sur ce point.

Je devrais mentionner encore ici la difficulté des communications; je sais que nous devons au gouverneur général la construction de nombreuses routes; mais il reste sur ce point beaucoup à faire; ne serait-il pas temps de songer à des chemins de fer, de commencer des travaux plus sérieux que ceux du Decauville qui doit transporter les marchandises de Phu-lang-Thuong à Lang-Son, et dont le spectacle est un *scandale*, il faut dire le mot, exposé à la vue de tout voyageur venant au Tonkin; je regrette d'avoir laissé échapper ce mot, et pourtant après vous avoir montré vingt-deux kilomètres de voie de soixante centimètres posés en deux ans, je voudrais pouvoir vous transporter en Birmanie et mettre sous vos yeux deux cent vingt kilomètres de voie d'un mètre établis en un an dans la vallée de l'Iraouaddy, entre Rangoon et Mandalay. Les chiffres parlent; ils seraient encore plus éloquents si nous abordions le chapitre des dépenses.

La recherche des causes de la piraterie vient de m'entraîner plus loin que je n'aurais voulu, et pourtant je voudrais, avant de la quitter, vous indiquer un autre aspect de la question : celui de notre situation entre la Chine et le Siam ; des deux côtés du Tonkin, la frontière est ouverte, et nos voisins ont tout intérêt à soutenir les pirates; les protestations de bonne amitié du Tsong-li-Yamen ou de la cour de Siam sont fréquentes ; je veux bien que Pékin et Bangkok ne soient pour rien dans les agissements de leurs provinces frontières des nôtres ; mais est-ce une raison pour nous de laisser passer des faits graves sans rien dire?

Ne pouvons-nous demander ce que sont devenus les assassins de M. Haïtce? ne nous donnera-t-on pas des explications sur la présence en Chine, près de Mong-Kay, au printemps de cette année, de deux Européens, trafiquant avec Lou-Ky de nos fusils Lebel? et pourquoi laisser Tuyet, à Canton, toucher une pension de trois cents piastres par mois, du Tonkin, alors que nous venons de céder à la Chine, sur sa prière, un mandarin fuyard du Céleste Empire, qui s'était rendu à nous avec ses armes, se fiant à notre parole?

Et à Bangkok, pourquoi ne pas redemander les chefs annamites faits prisonniers, en 1891, sur notre propre territoire? Pourquoi ne pas élever la voix lorsque les Siamois insultent notre drapeau et nos représentants, ou font venir chez eux, pour leur prêter secrètement serment, des chefs muongs, dépendant de nous directement?

Pour les Orientaux, comme pour d'autres, d'ailleurs, le silence équivaut souvent à l'aveu d'impuissance.

Quoi qu'il en soit, ce n'est pas ici le lieu

d'étudier des sujets aussi complexes sur lesquels j'avais voulu simplement attirer votre attention.

Mon désir de rester impartial, qui me les a fait aborder, m'oblige, après ces mots de critiques, d'indiquer certaines considérations qui dégagent singulièrement notre responsabilité.

Nous ne devons pas oublier que la piraterie a été la plaie endémique du Tonkin avant notre venue, que nous sommes dans un pays montueux, coupé, broussailleux, rocheux, difficile, en présence de douze millions d'hommes, et que nous n'y sommes que depuis six ans. Si nous nous reportons aux efforts que nous avons dû faire, aux soldats que nous avons sacrifiés, à l'argent qu'il nous a fallu employer, et pendant de longues années, en Algérie, nous reconnaîtrons que nous ne sommes pas au Tonkin dans une position anormale. Loin de désespérer de l'état de choses, nous saurons nous imposer de nouveaux sacrifices et les supporter avec patience, en raison de la grandeur du but à atteindre : donner à la patrie dans l'Extrême-Orient ce qu'elle a déjà de l'autre côté de la Méditerranée; faire une seconde France aux portes de la Chine; créer à côté de l'empire anglais, sur les bords du Pacifique, un empire français solide, durable, riche; tel est le résultat que nous voulons atteindre, et l'édifice sera impérissable, parce que ses pierres de taille sont faites des os, et son ciment du sang des Français!

LA RIVIÈRE NOIRE. — LES CULTURES ET LES HABITANTS. — LES VOIES COMMERCIALES.

Nous venons de faire peut-être un trop

long séjour dans le bas Tonkin. Le temps me manque, et pourtant je désirerais vous faire entrevoir un coin du haut pays. Pour être bref, et vous épargner les ennuis d'un voyage souvent fatigant marqué de peu d'incidents saillants, laissez-moi vous transporter à Laïchau, le poste français le plus reculé sur la rivière Noire, à six journées de marche de la frontière de Chine. Nous sommes à la fin de février, le thermomètre marque 11° à 15° la nuit, et de 25° à 45° dans l'après-midi, suivant qu'on est à l'ombre ou en plein soleil.

La montée de la rivière Noire m'a pris dix-huit jours : on fait route en pirogues poussées à la perche, ou halées à la cordelle ; en comptant les arrêts dans les postes et les excursions à droite et à gauche, j'ai parcouru pendant trente-cinq jours la vallée du Song-Bo.

Les eaux sont basses et les rapides nombreux; c'est par douze ou quinze que je les ai parfois comptés dans la même journée; les rives sont montueuses, généralement couvertes de forêts épaisses ou de bambous; les schistes qui forment ces collines, rarement interrompus par des granits, font plus souvent place à de hautes falaises calcaires, à pic, qui encaissent le courant et le dominent parfois de plusieurs centaines de mètres. Les crêtes sont souvent si rapprochées que c'est à peine si elles laissent passer un mince filet de jour qui vienne au fond de la gorge, tout en bas, montrer au batelier la direction à prendre au milieu des bouillons écumants du torrent. Rien de plus beau et en même temps de plus terrible que ces longs et profonds couloirs d'érosion dont les deux parois, portant encore l'empreinte l'un de l'autre, semblent avoir été violemment séparés dans des temps relativement récents. Nous sommes en présence de cette formation de calcaire carbonifère, unique en son genre, je crois, qui, donnant naissance aux îlots bizarres et à la fois grandioses des baies de Fitz-Along et d'A-long, s'étend à travers le Tonkin et vient former ici, au milieu des plateaux, des cirques naturels, véritables atolls, rappelant les récifs polynésiens: c'est au fond de ces cuvettes qu'on rencontre les alluvions aurifères, peut-être produites par la décomposition des schistes. Tel semble du moins être le cas des sables de Molou, à quelques journées de Sonla, sur la rive droite de la rivière.

Le rendement ne m'a pas paru ici très grand; quelques lavages que j'ai fait faire m'ont donné une moyenne de un gramme un dizième d'or à la tonne; il est vrai que les travaux exécutés à la main, sans l'emploi du mercure, sont grossiers, mais je ne m'explique pourtant les bénéfices obtenus jadis par les patrons chinois à la tête de près de huit cents ouvriers, avant l'arrivée des Pavillons-Noirs, que par le bon marché de la main-d'œuvre; les travailleurs étaient payés avec de l'opium.

Si l'or donne peu, ici les gisements de cuivre semblent devoir être plus productifs; j'ai vu des échantillons de cuivre presque pur d'un poids de près de douze kilos, provenant du plateau de Tafine; des chefs m'ont dit qu'on y trouve des blocs de près d'un mètre cube; d'autres minérais de cuivre fort riches ont été récoltés sur la rive droite de la rivière Noire, presque en face du confluent du Nam-Ma; dans cette région on trouve également de nombreuses mines de plomb argentifère. Comme dans la basse rivière Noire, j'ai constaté des traces de charbon, sans avoir de données sur la richesse possible du gisement, ou la qualité du combustible des couches inférieures.

Des mines étaient jadis exploitées dans les pays de Deo Van Tri autour de Laïchau; on y cherchait du cuivre et du plomb pour la consommation locale; plus tard, les pirates y prirent la matière de leurs balles, et maintenant abandonnées, ces exploitations attendent pour être reprises par l'élément français que les voies de communication, devenues plus praticables, rendent le transport moins coûteux.

Ce n'est pas seulement des mines que les provinces du pays muong sont appelées à tirer leurs richesses : les hauts plateaux élevés sur des assises calcaires, exposés à une température plus constante que dans le Delta, conviendront à des cultures diverses. Déjà le coton y pousse partout, sans aucun soin, comme une mauvaise herbe. Après un incendie préalable, il est semé par les indigènes qui, dès lors, ne s'en occupent plus que pour la récolte; les arbustes atteignent un mètre cinquante. La production poursuivie est limitée aux simples besoins de consommation de l'habitant. Mais le colon qui se fixerait dans ces régions ne devrait pas oublier que les Chinois du Yunnan s'en viennent chercher le coton jusque dans les États *chans* de la Birmanie, en faisant vingt-cinq et trente étapes de caravane pour rapporter leurs balles à la capitale. Ils payent ainsi, si l'on accepte les chiffres donnés par Halett, plus d'un franc de transport par livre. De Yen-Bay, sur le fleuve Rouge, ou de Van-Bou, sur la rivière Noire, à Yunnan-Sen, le prix serait près de moitié du précédent. Pour ne rien omettre ici, je devrais mentionner la concurrence que nos filés pourraient faire à ceux qui viennent de Shanghaï jusqu'à Mong-Tzé, ville située à douze jours de Laïchau et à cinq de Lao-Kaï.

A côté des plantes indigènes, que de cultures nouvelles à introduire! Un simple coup d'œil sur les Indes néerlandaises suffirait à nous montrer les résultats qu'a su atteindre un travail persévérant et opiniâtre; je n'en veux qu'un chiffre pour exemple : une seule compagnie de tabac, à Bornéo, produit par an pour plus de quatre-vingt millions de francs.

Le terrain est bon, les herbages hauts; des bestiaux pourront également trouver leur nourriture sur les plateaux du haut Tonkin.

Plantation ou herbage, quoi qu'y tente le colon, il ne sera pas restreint à une zone étroite; son entreprise pourra être développée à loisir, car les mêmes conditions de terrain, d'altitude et de climat se répètent sur un vaste espace, des deux côtés de la rivière Noire, depuis le Bavi jusqu'à Laïchau, pour ne parler que de l'ouest du Tonkin; près de ce dernier poste, le plateau atteint seize cents mètres. J'y ai vu la température descendre à — 4° la nuit; le froment, le maïs, les arbres fruitiers, y donnent d'excellents résultats. C'est peut-être le plateau Tafine, ainsi nomme-t-on ces hauteurs, qu'on donnera un jour comme sanatorium à nos troupes et aux colons anémiés; ils y trouveront un climat européen.

Au-dessous des rochers calcaires se développent généralement les grandes forêts vierges au milieu desquelles domine le gigantesque ficus, aux racines étalées comme les tentacules d'un poulpe démesuré; de nombreuses essences pourraient être exploitées. Près de Laïchau, se rencontre, m'a assuré un chef du pays, le teck, ce bois si précieux, qui est appelé à disparaître d'ici à quelques années des forêts de Siam.

Les arbres, et du reste toute la flore de

la région avoisinant le Song-Bo, se rapprochent des espèces de Cochinchine et de Malaisie ; il n'en est pas de même de la faune qui paraît tenir de près à celle de l'Hymalaya. Il semble qu'une même zone de vie animale commençant aux monts du nord de l'Inde, s'étend à travers l'Assam, les États laotiens, pour aboutir sur la rivière Noire et le fleuve Rouge, se laissant à peine entamer par les faunes de Chine, au nord et de la péninsule au sud.

Champ d'études particulièrement intéressants pour les naturalistes, la partie du Tonkin comprise entre le Delta et le Yunnan a encore plus d'attraits pour l'ethnographe et l'historien. Dans la péninsule indo-chinoise, en effet, peut-être plus que dans l'Inde, ils trouveront la solution des grands problèmes qu'ont fait naître les migrations des peuples d'Extrême-Orient ; ils y verront l'aborigène coudoyant le conquérant, souvent sans se mêler à lui ; ils feront sortir de la foule où ils se trouvent ensevelis et questionneront encore les débris des anciens empires que, peu à peu, a démembrés ou détruits l'invasion chinoise; ils sauront, au milieu des éléments les plus divers, démêler la langue et l'histoire propre de chacun ; travail lourd et difficile, que le savant peut entreprendre dès maintenant, et pour lequel il est du devoir de chacun de porter sa somme de renseignements.

Bien que la classification soit loin d'être faite, on s'accorde généralement à reconnaître, en partant du bas pays, les éléments suivants :

D'abord, à la limite du Delta le Moï, peut-être autochtone du Tonkin, refoulé par le Giao-Chi. Plus loin le Thaï, rameau de la branche laotienne et siamoise, encore vierge des traditions bouddhistes et adonné aux croyances primitives des esprits; sur les hauteurs, les sauvages yunnanais, les Méos au large turban, portant chez les femmes, comme parmi les Lolos, la petite jupe plissée; avec les Yaos, dont les manuscrits hiéroglyphiques préoccupent l'ethnographe à un si haut point, ils paraissent d'origine quangtoungnaise; les Khas, au teint foncé, population inférieure et de petite taille, apparentés aux Penombs et aux Stiengs du Cambodge et du bas Laos, frères des Négritos d'Australie, semblent former l'élément le plus ancien, aborigène peut-être de l'Indo-Chine.

La question des races de la péninsule est trop complexe, trop peu connue, et moi-même suis trop ignorant en la matière pour vous en entretenir plus longtemps.

Avant d'aborder le Laos, il importe d'examiner ce que la rivière Noire peut promettre comme voie de communication ;

à mon avis, un grand mouvement commercial ne pourra s'y créer d'ici bien longtemps; à un développement dans ce sens s'opposent le trop grand nombre de rapides, la lenteur de la montée qui ne peut pas même être tentée pendant plusieurs mois de l'année, les dangers de la navigation (nos postes en savent quelque chose), le prix des transports.

Le Laos, ainsi que je me propose de vous le dire ultérieurement, peut d'ailleurs être atteint par un chemin plus court et à moins de frais.

Le Song-Bo n'est qu'un fort torrent comparé au fleuve Rouge et vous savez déjà toutes les difficultés que la Compagnie des Messageries fluviales a trouvées à envoyer ses bateaux jusqu'à Lao-Kaï, en dépit du courage et de l'opiniâtreté qu'elle a apportés dans cette entreprise.

En dehors du ravitaillement de nos postes, la voie de la rivière Noire peut être utilisée pour la mise en communication du district chinois de Ibang avec le Tonkin; les rapports sont déjà établis; M. Bourgoin-Meiffre, que sa hardiesse et sa persévérance peuvent placer au premier rang des pionniers de la colonisation française au Tonkin, a conclu un traité avec l'intelligent chef de Laï, Deo Van Tri, pour la descente du thé, appelé de Puehr ; plus de cent cinquante piculs ont déjà pris la route de Hanoï.

Les deux parties contractantes sont également satisfaites de leur marché ; et un courant tend à s'établir pour emmener le commerce de cette partie du Yunnan vers le Tonkin.

Je suis heureux de vous signaler ce résultat qui, espérons-le, n'est que le point de départ d'un commerce plus important; reste à charger les pirogues qui ont descendu le thé jusqu'à Cho-Bo, d'articles français pour Ibang, et ainsi sera créé un mouvement d'échanges entre la Chine et Hanoï par la rivière Noire.

LE LAOS. — LA FORMATION D'UN PEUPLE. LE COMMERCE DE LA CONTRÉE.

De Laïchau, deux routes principales peuvent mener au Mékong ; l'une au nord, pénible, montueuse, longue, traverse durant vingt-huit jours les Sibsompanas et finit par atteindre Xien-Houng. Cet itinéraire me semble bien tentant avec les mulets que m'offre Deo Van Tri, et peut-être aurais-je le moyen de pousser à l'ouest du grand fleuve jusqu'au passage de Kunlon sur le Salouen et gagner la route de Theinni à Bhamo. C'est bien à regret que je me vois forcé, par des circonstances indépendantes de ma volonté (la saison trop avancée, le manque de temps et surtout le défaut d'un bon interprète), de renoncer à ce projet.

Dix-huit jours, dont trois d'arrêt au poste français de Dien-Bien-fou, me conduisent par la route du sud à Luang-Prabang ; plus courte que la voie du nord, cette dernière ne lui cède en rien pour les difficultés qu'elle oppose au trafic : étroite, accidentée, mal débroussaillée sur terre, sur l'eau, elle est coupée de plus nombreux et de plus dangereux rapides que ceux de la rivière Noire ; les membres de la mission Pavie ne sont pas sans se souvenir du courant du Nam-Ou, et, encore maintenant, M. Massie, qui me précède de huit jours, y fait-il deux fois naufrage, perdant, sauf une, toutes ses caisses.

Passé de deux jours le poste de Dien-Bien-fou, on se trouve déjà en territoire siamois, ou du moins effectivement occupé par des postes siamois. Ici commencement des difficultés d'un nouvel ordre pour le voyageur qui n'est muni que d'un simple passeport, rempli à Hanoï, papier comportant toute la série des peines que le gouvernement siamois est en mesure de lui infliger ; il n'y a pas de tracasseries qui ne soient imaginées contre lui, et, pour pouvoir continuer, force lui sera de passer sous les fourches caudines de l'arbitraire en se résignant à donner les prix les plus déraisonnables aux coolies, sous peine d'être laissé en place. Je n'avance ici, messieurs, que des faits. Nos commerçants n'ont pas même la ressource d'invoquer les traités. Celui de 1867, qui nous assure la libre navigation du Mékong, semble être lettre morte. De quelque côté que nous cherchions à aborder le fleuve, il nous faut un passeport, c'est-à-dire un permis du Siam. Ceci dit, revenons au Nam-Ou.

Quatre heures au-dessous de son confluent

avec le Mékong, sur les bords de ce fleuve, s'étale la petite ville de Luang-Prabang, capitale de l'État laotien de ce nom. Luang-Prabang est le centre le plus important, sur le Mékong, depuis Pnom-Penh jusqu'à Xien-Houng et même au delà ; on y compte de douze à quatorze mille âmes : nous sommes loin des soixante-dix mille dont nous parlait monseigneur Pallegoix.

Malgré le petit chiffre de la population, quinze jours et même plus passés au milieu d'elle ne sont pas perdus pour le voyageur. Nous sommes en effet ici en présence d'une race intelligente, formant un tout autonome, vivant de ses propres lois, ayant son esprit et ses mœurs à elle ; les Laotiens ne sont pas encore en contact direct avec notre civilisation européenne, qui, qualifiée de bienfaisante, ne fait que démoraliser et détruire lorsqu'elle s'attaque à des races inférieures.

A qui veut bien regarder, les voyages n'enseignent pas seulement la géographie, ils montrent comment l'histoire s'est faite. Les peuples passent par une série de phases analogues qui sont comme les âges de leur vie. On retrouvera chez ceux qui sont moins avancés que nous les périodes correspondant à celles qu'ont traversées nos ancêtres.

Si l'un de vous a suivi mon ami M. Bonvalot dans son récit au Lob-Nor, il aura certes songé malgré lui à la fondation de Rome ou de telle autre cité, en voyant dans l'oasis, auprès d'anciens pâturages transformés en champs, une ville s'élever, construite par des nomades devenus sédentaires.

Ici, ce n'est pas une ville que nous verrons bâtir, c'est un peuple qui se formera d'éléments divers, isolés jadis les uns des autres, groupés maintenant par les mêmes intérêts et une défense commune. Il semble que nous soyons à l'âge des petites républiques grecques. Ne reconnaissons-nous pas un citoyen d'Athènes, dans ce Laotien indépendant d'humeur, instruit, brillant causeur, paresseux, qui passe son temps à faire passer sa chique de bétel d'une joue à l'autre tout en chantant ou en récitant des vers aux jeunes filles, tandis que ses esclaves les Khas, moins malheureux que les Ilotes de Sparte, travaillent la terre pour lui? S'il n'est pas bon, le Laotien, il n'est pas méchant non plus; ni bien riche, ni bien pauvre; les fortunes ne sont guère tranchées dans cette contrée singulière, dont les lois n'ont pour but que d'assurer la libre pratique de l'amour et où, il y a quelques années encore, un règlement interdisait d'enrôler un jeune homme parce que la meilleure partie de sa vie devait être consacrée à rendre les jeunes filles heureuses.

Assurément, vous penserez que cet amour,

ce culte de la femme engendreront, comme chez les Grecs, le sentiment du beau. Il n'en est rien; pourquoi? Problème grave, dont la solution est peut-être si intimement jointe à la caractéristique de la race jaune, qu'on ne peut l'isoler.

Les sémites connaissent-ils l'art proprement dit dans ce qu'il a de plus élevé hors de l'industrie? Je ne le crois pas. Comme le Chinois, le Laotien ne se sent pas le besoin d'idéal qui nous agite; il ne tend pas vers l'au delà. C'est par le matérialisme pratique qu'il se rapproche donc de l'« enfant de Han »; mais là est peut-être le seul point commun. Une paresse innée d'un côté, l'esprit de travail de l'autre; ici l'indifférence en matière d'argent, pourvu que le nécessaire soit assuré; là le désir constant du lucre, le sacrifice de tout le reste à l'ambition de s'enrichir sont autant de traits qui séparent nettement les deux frères. Avoir de quoi vivre suffit au Laotien; la richesse, à ses yeux, ne compense pas l'effort à donner pour l'obtenir.

Cette tendance d'esprit, chez les habitants, fera forcément du Laos un mauvais débouché pour nos produits, surtout pour les articles français qui, supérieurs aux camelotes anglaises ou allemandes, ne peuvent rivaliser de bon marché avec celles-ci. A Luang-Prabang, c'est à peine si quelques Chinois, débitant les articles européens, arrivent à réaliser de minces bénéfices. Leurs marchandises viennent de Bangkok, par voie de Korat et Non-Kay, ou d'Outaradit et Paklay, et, dans leurs stocks, je ne vois la marque française que sur quelques boutons, et sur des bouteilles d'encre, provenant de la mission Macey. Encore se plaignent-ils de les vendre difficilement; pour pouvoir lutter avec avantage contre les Allemands et les Anglais, il nous faudrait produire et fabriquer en vue de l'Extrême-Orient l'article d'exportation; c'est ce que nous n'avons pas encore fait. Bien que n'admirant pas les Chinois, je leur crois pourtant une compétence commerciale de premier ordre et je m'en rapporterais assez volontiers aux réponses à mes questions, invariablement les mêmes, depuis Luang-Prabang jusqu'à Bangkok.

« Pourquoi ne vendez-vous pas des articles français? — Trop beau et trop cher. »

Pauvres acheteurs; les Laotiens n'ont eux-mêmes, maintenant, que peu de produits indigènes à écouler : le benjoin, dont l'importance diminue avec la baisse du prix; des racines et des peaux pour médecines chinoises, des teintures, de la cardamome, de l'ivoire, des bois de cerf et des cornes de buffle.

Les chiffres fournis par quatre commerçants chinois établis à Paklay n'indiqueraient, tout compris, qu'un envoi annuel à Bangkok de sept à huit tonnes de ces produits.

L'or n'est guère acheté, étant vendu par les indigènes plus de trente fois son poids d'argent. Le teck n'est pas encore exploité; un essai de transport de ses troncs par voie du Mékong va être tenté par les deux Français résidant à Luang-Prabang.

En somme, si l'on songe que cette principauté est considérée comme une des parties les plus peuplées du Laos, on sera amené à conclure que le commerce dans la contrée ne peut actuellement donner de grands résultats. Cette opinion que je me suis faite sur place demande à être appuyée sur quelques chiffres; je serais heureux de livrer ceux que j'ai pu noter à la connaissance des intéressés; mais un travail en ce sens me semble devoir prendre place ailleurs qu'ici.

LE SIAM ET SES PROGRÈS.
NOS FRONTIÈRES ET NOS DROITS.

Ayant terminé ce que je me proposais de vous dire du Laos proprement dit, il ne me reste plus qu'à gagner Bangkok par le plus court chemin; quatre jours par eau, dix étapes à éléphant et dix journées sur le Meïnam et nous arriverons à la capitale de Siam.

Combien cette route du retour me semble différente de celle que je viens de prendre à la montée! Le Mékong est descendu jusqu'à Paklay sur de grands et confortables radeaux où l'on peut se promener et se tenir debout; à éléphant, la fatigue n'est due qu'à la monture elle-même; mais la route est bonne, droite, courant à travers des futaies aux arbres espacés; durant le trajet entre les deux grands fleuves, mon baromètre ne marque pas de différences de niveau de plus de deux cents mètres; enfin, sur le Meïnam, la descente se fait tranquille, sans aucun rapide; elle est si aisée qu'aux hautes eaux les vapeurs remontent sans obstacle jusqu'à Pitchaï. Avec la facilité des moyens de communication diminuent les frais de transport; en comparant les frais à la montée, ceux au retour, et ceux qui me sont fournis sur les autres routes, je puis formuler l'assertion suivante :

La voie la plus économique pour l'envoi d'une tonne de marchandises européennes à Luang-Prabang est actuellement celle de Bangkok, et elle restera telle, jusqu'à ce que des vapeurs français, franchissant les rapides de Khôn, viennent porter notre pavillon à côté de celui qu'arborent actuellement les canonnières de Siam, ou qu'un chemin de fer de Vinh à Houten mette en communication directe le golfe du Tonkin et les rives de Mékong; il en est malheureusement des chemins de fer comme des vapeurs, des vapeurs comme des cartes; tandis que nous faisons des projets, ou que nous tirons des plans sur le papier, le Siam parle moins, mais agit, et, à cette heure, les premiers travaux sont déjà entrepris pour la voie ferrée de Bangkok à Korat. Si nous restons inactifs et laissons les Anglais prendre, au nom de la fraternité, les intérêts du Siam, poser avec désintéressement sans doute ses rails jusqu'à Korat, puis pousser plus loin jusqu'à Non-Kay, sans opposer, de notre côté, une entreprise semblable sur notre territoire, ce sera fait de l'avenir de la France sur le Mékong; nous n'aurons plus qu'à replier bagage et nous contenter de quelques ports sur la côte d'Annam.

En fait, nous en sommes bien un peu là,

et je voudrais à ce sujet pouvoir vous mettre sous les yeux deux cartes que j'ai devant moi en écrivant ces lignes : l'une est de M. Macey, du syndicat du haut Laos; elle a paru dans le premier numéro du *Bulletin de la Société de géographie commerciale* de 1892; ici l'Indo-Chine française, marquée d'une teinte rose, maculée de rondelles et de drapeaux tricolores, non seulement s'étend jusqu'à la rive gauche du Mékong, aux Sibsompanas, mais plus bas, passe sur la rive droite, comprend les principautés de Luang-Prabang, de Nan, puis rejoint la limite du Cambodge en englobant Korat. Il est très facile de marquer des possessions sur un atlas. Tant qu'à faire, j'aurais voulu étendre notre influence jusqu'au golfe du Bengale... sur le papier. Je qualifie ce genre de carte d'imaginaire.

Déployons, à côté de ces dernières, celle du Siam, par le topographe anglais Mac Carthy, nous trouverons la frontière du

Siam suivant la ligne de faîte des eaux du Mékong et du golfe du Tonkin, enserrant ainsi, à partir du Cambodge, tout le bassin du grand fleuve, dont non seulement la rive, mais les affluents de gauche ne seraient pas sous notre pouvoir; il ne nous resterait qu'une bande d'à peine une trentaine de kilomètres de large sur la côte d'Annam.

En dépit des paroles prononcées le 26 octobre 1891 à la tribune, la carte anglo-siamoise est exacte; elle indique simplement ce qui est. Si nous pouvons y relever une erreur, en ce qui concerne le poste de Theng, en revanche, elle est au-dessous de la vérité du côté du Cambodge, puisqu'elle n'englobe pas la pointe du Samit, où un poste siamois a été établi en plein territoire français. Strung-Treng, sur la rive gauche du Mékong, a son commissaire siamois et le pouvoir de Siam s'étend sur Attopeu, sur le plateau des Pou'on, des Boloven, etc. Nos rivaux font même sentir sur ces régions leur autorité d'une manière effective et à nos dépens. Le département des affaires étrangères en est certainement informé.

Reprenons la même carte et jetons les yeux à l'ouest, du côté de la haute Birmanie : pas une ligne de délimitation, pas de frontière marquée; les Anglais se gardent un champ libre sur le haut Mékong. N'ont-ils pas déjà obtenu soumission de l'État indépendant de Xien-Tong; et le lieutenant Ehlers, qui vient de passer à Xien-Tong, ne nous dit-il pas que cette principauté paye tribut à la Chine et à l'Angleterre? Les visées de lord Lamington, si nous n'y prenons garde, seraient près de se réaliser. Un Français, qui venait de descendre le Mékong à Luang-Prabang, m'a raconté avoir déjà trouvé l'influence anglaise s'établissant à Muong-Yu, État à cheval sur le Mékong, entre Xiangsen et Xienghoung. Il est vrai que M. Archers et lord Lamington y ont séjourné un mois. Nos voisins d'outre-Manche seraient donc sur le point, si ce n'est déjà un fait accompli, de franchir cette rive du Mékong, à laquelle nous avons des droits incontestables, mais non défendus par nous et dont nous sommes encore loin !

Il est enfin une troisième carte qu'il nous faudrait consulter ici, celle de l'Annam, en 1838, par monseigneur Taberd, rééditée dans l'*Empire d'Annam* de Sylvestre; nous y retrouverions les droits de l'État dont nous nous sommes engagés à défendre la politique extérieure; il serait intéressant d'examiner au profit de qui nous avons laissé ainsi s'amoindrir, sans protester, l'empire de Già-Long qui avait confié ses intérêts à la France.

Le Laos est pauvre, je le sais; à mon

avis, le commerce a plus à gagner en cherchant à pénétrer en Chine par les belles voies naturelles qui s'ouvrent à son expansion à travers le Tonkin; mais à côté de la question commerciale se dresse la question politique. Sans négliger le présent, il faut songer à l'avenir, et que penser d'une armée qui chercherait à engager la bataille sans garder ses derrières?

Protecteurs des droits de l'Annam, nous devons les faire valoir et montrer à nos ambitieux voisins que la possession de la rive gauche du Mékong, indiquée par un de nos ex-ministres à ses agents comme le minimum de nos prétentions, n'est pas une simple déclaration, mais que telle est la volonté du peuple français.

Avant, messieurs, de vous remercier de l'attention que vous avez bien voulu me prêter, je veux vous dire quelques mots du résultat personnel de mon excursion : parti avec le désir de voir et de regarder le plus possible, d'amasser le plus de documents, de renseignements, de matériaux, d'informations que je trouverais, j'ai pu rapporter une série de huit cent cinquante photographies contenant des types de face et de profil des différentes peuplades que j'ai rencontrées; quelques itinéraires particuliers encore imparfaitement relevés; des collections d'histoire naturelle comprenant une vingtaine de mammifères, deux cent cinquante oiseaux, quelques poissons; de nombreux lépidoptères; cent cinquante espèces de plantes; une série de roches et de minerais; une collection ethnographique de costumes, d'instruments divers; quelques manuscrits; enfin, j'ai réuni des échantillons accompagnés des prix de vente des articles européens que j'ai trouvés sur les marchés; et j'ai joint à ceux-ci des spécimens des différents produits indigènes dont il me semble que nous puissions tirer un profit.

Je me permets d'énumérer ces quelques résultats, si minimes qu'ils soient, de mon voyage, parce que je compte les réunir bientôt en une petite exposition à Paris, et que je serais très heureux de les tenir à la disposition de qui voudrait les consulter. Mon but est avant tout de contribuer pour ma part à répandre parmi nous la connaissance de nos colonies d'Extrême-Orient et de vulgariser l'idée du grand avenir de l'Indo-Chine française qui nous est offerte, si nous voulons en profiter.

A PROPOS DE LA PIRATERIE

A la suite de la précédente conférence, nous avons cru devoir joindre un article paru dans la Politique coloniale, *qui n'est que le développement d'un point simplement indiqué au Congrès de Pau.*

A PROPOS DE LA PIRATERIE

LES FRONTIÈRES DU TONKIN

Le dernier courrier du Tonkin nous apprend que les bandes de pirates chinois se tiennent sur la frontière de Chine; certaines d'elles compteraient trois cents hommes ; l'une aurait même jusqu'à douze cents fusils. Ces nouvelles n'en sont plus pour nous; chaque courrier ne fait que répéter ce qu'a annoncé la malle précédente. Encore pouvons-nous nous estimer heureux, lorsqu'il ne nous parle que d'attaques de villages ; trop souvent il nous apprend l'assassinat de quelque brave officier, pauvre héros à peine connu, massacré loin de tous sans avoir même la consolation suprême de reposer en terre de France.

Le Tonkin n'est pas pacifié : voilà la vérité; je la répète et j'ai essayé, il y a quelques jours, d'indiquer les raisons de cet état de trouble dans une conférence que j'avais adressée au Congrès pour l'avancement des sciences à Pau, et que *le Temps* a bien voulu reproduire : inutile donc d'y revenir ici. Dans les causes qui engendrent la piraterie dans notre colonie, il en est pourtant une, que j'ai à peine effleurée, qui est mal connue, et sur laquelle je crois très important d'attirer l'attention publique; je veux parler de la nature de nos rapports diplomatiques avec la Chine et le Siam, des relations du Tonkin avec ses voisins et des agissements de ceux-ci à notre égard. Soit indifférence de la part du gouverneur général, qui ne veut pas entendre parler des questions extérieures, dont il se désintéresse ayant déjà trop à faire dans l'intérieur du pays, soit par ignorance chez le département des affaires étrangères, il est permis à nos voisins les Siamois et les Chinois, d'entretenir des foyers de troubles à nos portes, d'accueillir les pirates, de correspondre directement avec eux, de créer des postes en plein territoire de notre protectorat, en un mot non seulement de nous susciter des difficultés continuelles au mépris des traités, mais encore de s'établir ouvertement, en temps de paix, sous nos yeux, en prévision d'une guerre, dans des positions dont il sera peut-être un jour trop tard pour essayer de les chasser. Je veux croire à l'honneur de nos agents dans l'Extrême-Orient, qu'ils ont mis le cabinet au courant de la situation exacte ; informé ou non le ministère semble donner le même

4

mot d'ordre partout : « Laissez faire. » L'indifférence que témoigne ce langage est d'autant plus coupable que la situation est plus grave; voici les faits :

Lorsque le traité de Tientsin fut conclu, entre la France et la Chine, cette dernière donna des terres dans le Quan-Toung le long de notre frontière au vieux général Fung et à Lu-phin-Voc. Le premier était le héros, bien malgré lui, de Lang-Son; après avoir cru pendant deux jours être battu il finit par apprendre le retrait de nos troupes, et profita de cette circonstance pour acquérir parmi ses compatriotes une grande renommée comme vainqueur des Français.

Quant au second, ancien chef de Pavillons Noirs, *en rébellion contre la Chine*, il lutta vaillamment contre nous, notamment à Sontay; c'est à lui que sont dues les embuscades où tombèrent Garnier, Rivière et tant d'autres; en reconnaissance du mal qu'il nous avait fait l'empereur de Chine lui pardonna et lui conféra un haut grade dans l'armée chinoise.

Fung et Lu-phin-Voc, ces deux personnalités militaires, dont le nom seul impose le respect dans la Chine méridionale et le bas Tonkin, établies sur nos derrières, unies par une même haine, resserrèrent encore leur lien d'amitié; le fils de Fung qui est à la tête du camp de Tung-Li, en face de Mong-Kay, épousa la fille de Lu-phin-Voc. Une partie des officiers qui commandent à Tung-Li sont les assassins *connus* et récompensés de notre pauvre compatriote M. Haïtce, arrêté dans la rivière de Mong-Kay et cruellement torturé.

D'un autre côté, on sait que l'empereur d'Annam Nam-Ghi, arrêté par nous, est notre prisonnier à Alger; or, c'est en son nom que se fait toute la piraterie, d'ailleurs parfaitement organisée dans l'est du Tonkin; on en a la preuve absolue à chaque prise de chefs; leurs sceaux portent tous : « *Par ordre royal.* »

Nous avons bien arrêté Nam-Ghi, mais nous avons laissé filer son ministre Tuyet. D'abord réfugié à Canton où les Chinois avaient promis de le garder interné, il a gagné, depuis un petit village du Tonkin, à quelques kilomètres de la frontière, et c'est là qu'il se tient actuellement avec une quinzaine de serviteurs. Les derniers renseignements recueillis de la bouche même des pirates semblent démontrer le fait d'une manière certaine. Si Nam-Ghi est le prête-nom, Tuyet le chef réel de la piraterie, l'agent financier, le collecteur des impôts est Tienduc, ancien chef de pirates dans la baie d'Along, avec Deong, Lamfang, Quanloun, tous lieutenants, maintenant soumis ou arrêtés. Tienduc a renoncé à son métier pour servir d'intermédiaire entre les populations et la caisse centrale; il lève les impôts, et donne des reçus — (ses livres ont été pris par nous et nous les avons trouvés très régulièrement tenus). — Le produit est porté à Tuyet qui en donne un peu aux mandarins chinois, et partage le reste entre ses lieutenants, gardant pour lui trois cents piastres par mois.

Le lecteur se demande sans doute quel rapport peut avoir le séjour de quelques chefs militaires chinois près de notre frontière avec le fait d'une rébellion organisée chez nous; et pourtant rebelles annamites et généraux chinois se tiennent étroitement; je vais essayer ici de donner une preuve évidente de la connivence de ces derniers avec les pirates, au mépris des traités.

Quand Tienduc a fait sa levée d'impôts, il vient avec ses jonques à Paklung, rade que nous avait donné le traité de Tientsin, et qui, rétrocédée depuis à la Chine en échange de quelques petites concessions, est sur le point d'être fortifiée; ses hommes débarquent ostensiblement armés sur le marché de Chounksang; lui-même est reçu par le *fils du général Fung*, commandant pour le gouvernement chinois le camp de Tung-Li; celui-ci fait porter Tienduc en chaise et lui donne une escorte pour porter le produit des impôts levés au Tonkin, au comité central de la rébellion, c'est-à-dire à Tuyet. La connivence des Chinois me semble bien évidente.

Tous ces faits étant connus, par les aveux des pirates arrêtés, et par des rapports d'espions, l'amiral Fournier est venu bloquer Paklung, pour saisir Tienduc, tandis que le gouverneur général demandait son arrestation au vice-roi de Canton, frère de Li-hun-chang. Celui-ci répondait immédiatement qu'il envoyait aux autorités le mandat d'amener par *télégraphe;* la satisfaction était donc accordée par le gouvernement chinois; la venue de nos vaisseaux dans ses eaux l'avait effrayé, et il avait *feint* de céder — j'insiste sur le mot *feint*, car nous apprenions presqu'en même temps l'ordre d'arrestation donné par le gouvernement chinois, et la fuite de Tienduc qui, prévenu et protégé par les mandarins locaux, rentrait au Tonkin par terre : le tour était joué. Nous nous heurtions une fois de plus à ces éternelles chinoiseries, toujours les mêmes, contre lesquelles notre diplomatie s'entête à lutter, cherchant au fond de quelque chose de malpropre un sentiment du droit ou du juste qu'elle n'y trouvera jamais; toujours la même tactique pour les questions de voisinage, comme pour celles des missionnaires, pour le Quan-Toung, comme pour le Thibet; demandons-nous à entrer nous-mêmes dans le pays, on pousse les hauts cris à Pékin, nous touchons la terre sacrée du Céleste-Empire; réclamons-nous des représailles, une compensation pour une offense faite à notre honneur national, une insulte à notre drapeau, on promet tout, et quand il s'agit de tenir, on dit que c'est bien loin, que le pays est un peu sauvage, que les mandarins n'obéissent pas, et autres balivernes semblables. Si nous insistons on nous fait l'affront de nous offrir une compensation pécuniaire, comme si les taches faites à notre drapeau pouvaient s'effacer avec de l'or.

Et de notre côté, quand un malheureux chef confiant en nous vient se rendre, déposant les armes, si Pékin le réclame, nous le lui livrons, et il sera promené à travers le Yunnam et le Quang-Si dans une cage, pour montrer à tous la mauvaise foi de la France; ceci s'est passé, il y a trois ans.

Bonne foi, droit des traités, conventions

internationales, autant de mots qu'on est étonné d'entendre répéter par des gens d'aussi mauvaise foi et de parti pris que les Chinois. *Contre les porcs et les chèvres* (c'est ainsi qu'ils nous appellent) *tout moyen est bon ; mentir, voler, tuer, sont choses permises pour les chasser de chez nous.* Ainsi s'expriment-ils dans leurs pamphlets, qui rendent assez bien le sentiment général.

Telle est la règle de conduite, qui leur sert de principes, et à laquelle ils se conforment, lorsqu'en protestant auprès de nous de leur bonne amitié, ils récompensent les chefs pirates, les attirent chez eux, les comblent d'honneurs et créent ainsi intentionnellement un état de choses très nuisible pour nous. Assurément si je me mets à leur point de vue, je les admire d'avoir attaché à nos flancs une sangsue qui sans cesse empêche de se refermer la plaie inhérente au Tonkin. Je les trouve logiques avec eux-mêmes, lorsque je me reporte à cette phrase d'un de leurs généraux, de sang anglais, Mesny :

« De longues années peuvent s'écouler; la haine ne disparaîtra pas, jusqu'à ce que la Chine possède de nouveau tout le pays auparavant sien (faux) que la France a déjà pris ou qu'elle peut annexer dans l'avenir ». (Écrit en 1884).

Logiques encore quand ils font assassiner M. Haïtce, quand l'année dernière, à cette commission de délimination si illusoire, ils menacent un officier, ou que derrière nous, ils arrachent les bornes posées par nous, pour les fouler aux pieds et cracher dessus; ils obéissent à leur lâcheté en satisfaisant dans notre dos leur haine, qui n'ose pas nous insulter en face.

Continuellement humiliés à la frontière (et je ne crois pas qu'un officier, ayant fait partie de cette commission, vienne me démentir) c'est nous qui ne sommes pas logiques. Les Chinois ont raison d'agir comme ils font, nous avons tort de les laisser faire. Il est toujours triste d'étaler nos fautes; pour employer une expression triviale : il vaut mieux laver son linge sale en famille; mais hélas! notre linge sale, les étrangers de l'Extrême-Orient, les Anglais, les Allemands, le connaissent; il n'y a que nous qui ne savons pas chez nous ce qui se passe là-bas; et il convient, il est nécessaire que la lumière se fasse; le public doit apprendre comment le nom de la France est respecté.

Tant qu'à faire des traités avec la Chine, puisque nous entretenons des agents diplomatiques dans l'Extrême-Orient, demandons au moins l'application de ces traités. Que la Chine empêche les bandes de pirates poursuivies par nos troupes de se réfugier sur son territoire; qu'elle ne les protège pas; qu'elle interdise le marché public des femmes annamites; le trafic des armes; en un mot, qu'elle ne travaille pas contre nous, ou bien cessons toute relation diplomatique avec une nation qui ne promet qu'avec l'intention bien arrêtée de ne pas tenir. (La violation formelle de l'article 7 du traité de Tientsin, relatif aux concessions de chemins de fer, est une nouvelle preuve de ce que j'avance.) Du côté du Tonkin faisons taire nos consuls, et laissons parler nos canonnières; puisque le gouvernement chinois proteste de sa bonne amitié, et déclare formellement ne pas nous faire la guerre, ce n'est pas lui que nous attaquerons; nous nous en prendrons à l'adversaire de Courbet, à Sontay, à celui qui a fait tomber dans des embuscades Garnier, Rivière et tant d'autres, à Lu-phin-Voc, à Fung, aux assassins *récompensés* de Haïtce, aux amis de Tuyet, de Tienduc, et c'est en nous adressant aux gens de Paklung, de Chounksang, de Tung-Li que nous montrerons à la cour de Pékin ce que coûte à nos yeux, une parole violée.

Je viens de parler des canonnières du Tonkin; pour en tirer parti, encore faudrait-il se presser, car, en admettant que les mesures fâcheuses prises dans ces derniers temps par le gouverneur général relativement à notre défense maritime en Indo-Chine, soient maintenues, dans deux ans, elle sera réduite à néant.

Des dix-sept canonnières que nous possédons au Tonkin, représentant un capital de quatre millions, plus une ne pourra être mise en marche, si toutes n'ont déjà coulé; nous venons d'en perdre une, le *Francis-Garnier ;* les autres sans exception ont besoin de réparations; une somme avait été consacrée à ce chapitre dans le budget de la marine; or, la division navale de l'Indo-Chine a été supprimée d'un trait de plume sans qu'un des officiers compétents ait été consulté à ce sujet, ni même averti. On espérait par là mettre la main sur le budget affecté aux dépenses maritimes pour combler ailleurs un déficit qui ne le sera pas ; par cette mesure radicale, nos canonnières ont été sacrifiées en bloc; actuellement un seul bâtiment, *l'Alouette* est chargé de la garde de plus de cent milles de côte.

Quelque temps avant que tout moyen d'action fût retiré à notre marine, par une anomalie incompréhensible, les jonques *indigènes* étaient armées ; un décret autorisait quatre carabines et cent cartouches par arme sur chacune d'elle ; en admettant que ces jonques s'en tinssent à la lettre de l'autorisation, n'a-t-on pas songé qu'elles étaient plus de trois cents, ce qui, par le fait, met entre les mains des *matelots indigènes* au moins douze cents carabines, dûment autorisées par le protectorat.

On a été plus loin : les navires qui font le commerce de Pakoï à Cac-Ba ont droit à un certain nombre de canons, à condition qu'ils les déposent à terre pendant leur séjour à la Cac-Ba ; ils les reprennent pour s'en aller et peuvent ainsi, dangereusement armés, passer devant Hong-Hay, devant Ké-bao, sur cent quarante kilomètres de notre côte à vol d'oiseau.

En dehors de la protection du Tonkin lui-même, on a oublié probablement, en supprimant la division navale de l'Indo-Chine, notre voisinage avec la Chine, avec un pays qui, quoique peu belliqueux, se crée pourtant à coups d'argent, sous la direction des Anglais et des Allemands, une *marine militaire* sérieuse. Qui a songé à l'effet que pourrait produire la venue dans les eaux du Tonkin de deux avisos arborant au grand mât le dragon du Céleste-Empire? Il y a quatre ans, l'amiral Ting vint avec quatre vaisseaux à Saïgon pour une visite purement amicale; l'effervescence fut telle, parmi les commerçants et ouvriers chinois, à la vue du pavillon national, que l'on craignit sérieusement une insurrection contre nous; et pourtant la Cochinchine est bien pacifiée et bien tranquille; mais qui répondra des cinq mille travailleurs chinois des mines de Hong-Hay et Kébao, lorsqu'ils apercevront leur drapeau et que nous n'aurons à aligner en face d'eux que *l'Alouette*.

Ces considérations et bien d'autres semblent avoir échappé à la clairvoyance des membres du gouvernement de l'Indo-Chine; les faits sont là, ils parlent; ici suppression de notre escadre, c'est-à-dire désarmement sur mer de notre côté; là armement autorisé des jonques *indigènes* et *chinoises*. Voilà où nous en sommes pour ce qui concerne seulement la défense de la frontière maritime du Tonkin. Et pour abréger, je laisse encore ici de côté la question qui devrait être examinée, de l'utilité, de la nécessité même de nos canonnières dans les rivières et canaux du Delta.

Puisque c'est des frontières de notre colonie que je viens vous entretenir, et que je vous ai parlé du voisinage de la Chine et de nos moyens de défense par mer de ce côté, passons maintenant à l'ouest, suivons le littoral d'Annam, doublons la presqu'île de Cochinchine, et après avoir passé au nord devant Hatien, à l'extrémité du canal venant de Saïgon, arrêtons-nous à la frontière du Cambodge proprement dit. Ce royaume, dont nous avons le protectorat, se développe actuellement sur plus de trois cents kilomètres de rivage, comprenant Campot, passant au nord de l'île Phoukok, venant former la baie de Kompongsam, et s'arrêtant au nord de la pointe Samit qu est encore cambodgienne. Au delà est le Siam, notre voisin de l'ouest. Entre celui-ci et notre colonie proprement dite; les débris de l'empire Khmer constituent à notre profit une sorte de matelas; nous avons ici soumis à notre influence quelque chose d'analogue à ces états tampons, dont le système est si utile aux Anglais sur la bordure de l'Inde et de la Birmanie. Notre situation toute faite ici est assez semblable à celle que les Chinois se sont créée à l'est, en établissant à nos portes des confins militaires, avec cette différence toutefois qu'au Cambodge nous sommes établis par le droit, en vertu de traités, et que nous exerçons notre influence sur des populations pacifiques; tandis que la Chine a établi par trahison en face de Mong-Kay un foyer de piraterie, à laquelle elle laisse toute latitude pour nous nuire. A l'ouest, nous nous sommes contentés des débris d'un État que les anciennes cartes, voir même celles du commencement du siècle, nous montrent beaucoup plus étendu. Si amoindris que nous soyons, nous avons encore trop au gré du Siam; bien conseillée par nos rivaux ambitieux, la cour de Bangkok ne veut pas se contenter des provinces que nous lui avons bénévolement cédées; comprenant la gêne que peut lui occasionner en temps de guerre un matelas entre elle et nous, elle veut le supprimer totalement, en un mot, prendre contact direct avec la Cochinchine. Aussi ne nous étonnerons-nous pas d'apprendre que le Siam possède un poste à Samit, territoire cambodgien, mais ce qui nous étonnera le plus, c'est de savoir que notre ministère des affaires étrangères, renseigné seulement par les réclamations non fondées des Siamois, avait donné l'ordre d'évacuer le poste cambodgien, c'est-à-dire de nous retirer pour laisser la place à nos voisins. A la suite de protestations venues de Cochinchine, on n'osa plus à Paris confirmer cette décision de *reculade*, mais on laissa les Cambodgiens; toutefois, on arrêta l'établissement qui allait se faire d'une vice-résidence à Samit. Ce n'est pas cette presqu'île seulement que convoite le Siam, il cherche à gagner tout le littoral jusqu'à Campot, y compris quelques îlots, qui, au premier abord, semblent insignifiants.

Supposons un instant que les prétentions des Siamois aient été reconnues, quelle serait notre situation?

Hatien, la tête du canal venant de Saïgon serait bloqué; or, ce chenal est la seule voie que peuvent suivre, pour venir dans le golfe de Siam, nos canonnières trop exposées aux deux moussons, aux récifs et aux brouillards sur les côtes de Cochinchine;

les Annamites ont si bien reconnu l'utilité de ce canal pour éviter à leurs vaisseaux de doubler un cap dangereux, qu'ils l'ont creusé eux-mêmes bien avant notre venue. Un des îlots négligés, qui semblent prolonger Samit, Rong-Salem, offre un excellent mouillage en eau profonde, et qui plus est, on y trouve de l'eau douce, denrée rare dans ces parages ; les vaisseaux de nos voisins y trouveraient un excellent abri et probablement ils y rencontreraient quelque escadre anglaise. Non seulement en cas d'offensive, la route de Bangkok nous serait ainsi fermée, mais nous serions même bloqués et dans l'impossibilité de nous défendre ; enfin les troupes siamoises débarquées à Campot pourraient entrer dans la Cochinchine cultivée, peuplée et fertile, sans avoir à traverser les immenses forêts et les régions qui actuellement l'en séparent.

En résumé l'avancement du Siam sur le littoral cambodgien serait dangereux et menaçant pour notre colonie de Cochinchine, paralyserait tout à fait nos moyens de défense maritime dans le golfe de Siam, enfin établirait un autre pouvoir européen qu'il n'est pas difficile de soupçonner, en face de nos côtes, dans le seul bon mouillage du golfe.

Pour éviter de tels dangers, il suffit au département des affaires étrangères de conserver une attitude ferme vis-à-vis de nos voisins, et s'il ne veut pas redemander ce qui nous est dû, au moins de ne pas céder ce que nous avons. En ce qui concerne la pointe de Samit j'ai dit qu'on avait été sur le point de céder aux réclamations du Siam ; espérons que ce semblant de faiblesse ne se renouvellera pas, et que l'ignorance ou la mollesse de certains de nos agents supérieurs, qui de Paris dirigent notre politique en Extrême-Orient, sans vouloir s'en rapporter aux avis expérimentés que leur envoient des ministres plénipotentiaires compétents, n'ira pas jusqu'à livrer à nos rivaux des armes contre nous.

Un hasard a fait que sur le littoral nous n'avons pas cédé à Bangkok. Sur terre il n'en est pas de même; depuis longtemps le Siam a empiété sur l'Annam, et il continue à avancer vers l'est. Dans ma conférence au Congrès de Pau, j'ai comparé à ce sujet trois cartes différentes, je n'ai pas à y revenir ici, je désire signaler pourtant un des côtés de la situation dangereuse où tend à nous mettre la marche en avant des Siamois; on sait que la libre navigation du Mékong, obtenue dans le traité de 1867, n'est qu'un mot, puisque pour le remonter il nous faut un passeport du Siam; non seulement la navigation du Mékong nous est interdite, mais nous ne pouvons parcourir les régions traversées par ses affluents de gauche; nous sommes réduits à un mince ruban de côtes, large de trente lieues au plus; qu'une guerre éclate, en deux journées de marche les Siamois seront sur le littoral et par ce fait, nos deux colonies de Cochinchine et du Tonkin se trouveront séparées par terre : voilà un des dangers à craindre dans l'avenir. Examinons le présent. En cédant continuellement aux Siamois, en les laissant avancer sans même protester, en leur permettant même de nous insulter sans demander de réparation, nous amoindrissons singulièrement notre prestige parmi eux et par contre-coup parmi les Annamites.

Dans mon dernier voyage, je me rappelle avoir éprouvé en pénétrant au Siam la même sensation douloureuse qui m'avait frappé il y a deux ans en Chine; le voyageur est pris d'un serrement de cœur probablement inconnu des politiciens qui n'ont pas bougé de Paris, en entendant le nom de la France tourné en dérision, et en voyant que son influence est comptée pour rien.

Au poste de Dien-Bien-fou, le dernier poste français sur la frontière nord occidentale du Tonkin, un des chefs Muongs, appelé par l'officier commandant, vient de passer trois jours dans le Siam où il a été bien reçu, et ce n'est assurément pas pour rien qu'il y a été. Le poste siamois est à trois jours plus loin; des difficultés de routes, de frontières n'ont encore pu être réglées parce qu'il est défendu à l'officier français d'aller jusqu'à la frontière de Siam pour éviter des complications. Le lieutenant siamois n'a reçu aucun ordre semblable, au contraire; il doit chercher à susciter des difficultés; c'est donc lui qui devra aller trouver notre compatriote, emprisonné par sa consigne.

Je saute quinze jours. A Luang-Prabang une proclamation d'un officier siamois, en l'absence de l'agent français faisant les fonctions de vice-consul, menace de mort ceux qui seront amis des Français. Et notre agent, de retour, pour obtenir satisfaction, ne pouvant compter sur un appui du ministère, doit dire au colonel siamois que son propre honneur est engagé dans l'affaire, et lui demande réparation sur le terrain, ou châtiment du subalterne siamois. Voilà les procédés auxquels, en désespoir de cause, sont réduits nos agents soucieux de l'honneur et du respect de la patrie.

Quels autres arguments employer en effet pour obtenir réparation auprès de gens qui, l'année dernière, ont pu impunément arracher notre drapeau, et le fouler aux pieds, rouer de coups un interprète au service de la République, et arrêter dix chefs annamites sous le protectorat de la France? les chefs envoyés par le résident français de Vinh, sur le plateau des Pou'on, arrêtés par le Siam, furent mis en prison à Bangkok; quelques-uns s'échappèrent et notre consulat les fit rapatrier en Annam. Ici se pose un dilemme: ou le Siam n'avait pas le droit de les arrêter, et nous devions demander réparation, ou nous étions dans notre tort, pourquoi encourager alors les fugitifs?

Les tiers moyens, les procédés manquant de franchise ont été préférés.

En rapportant ces faits, je crois de mon devoir de mettre le public en garde contre une erreur, dans laquelle il pourrait tomber : celle de mettre les fautes que nous avons commises sur le compte de nos ministres ou de nos consuls. Ce n'est pas à eux qu'il faut s'en prendre la plupart du temps, c'est plus haut qu'il faut s'adresser.

L'humiliante devise : « Pas de complication » est assez connue de tous ; les journaux siamois comme les feuilles de Chine l'ont suffisamment reproduite et nos ennemis savent en jouer et en tirer parti. Je sortirais de mon sujet en cherchant à montrer ici la situation humiliante que nous a faite cette crainte des *affaires* aussi bien sur la côte d'Afrique, à Madagascar, qu'en Indo-Chine, et à Pékin. Mais il importe de défendre ceux de nos agents dont les protestations répétées et les rapports trop souvent mis de de côté, témoignent de la parfaite connaissance de la situation.

Honneur à nos agents qui, connaissant ces affronts, ont l'énergie morale — car c'en est une — de les subir, préférant, si peu encouragés qu'ils soient, ne pas abandonner leur poste, parce qu'ils espèrent faire encore quelque chose pour la cause de la grandeur de la France en Extrême-Orient à laquelle ils ont donné leur vie. J'en ai vu qui, pleurant de l'impuissance où ils sont de nous faire respecter, ont refusé d'abandonner la brèche où ils se tiennent, même en échange de *situations* plus avantageuses, de crainte que leur départ ne nous cause de plus grands torts; ceux-là, même inconnus, même attaqués, auront la suprême consolation de tomber, la conscience tranquille; ils savent qu'ils ont bien mérité de la patrie.

Mais il ne faut pas s'étonner si à côté d'eux beaucoup de nos compatriotes, pas assez au courant de la situation, trouvent les frais de leurs postes inutiles. De nombreux colons d'Indo-Chine se demandent ainsi dans quel but a été envoyée et subventionnée la mission Pavie. Partie, emportant pour mot d'ordre le télégramme de M. Goblet : « Le minimum de nos prétentions est la rive gauche du Mékong », elle est sur prise par un changement de ministère ; les instructions se modifient. « Avancez, mais pas d'affaires. » Le rôle politique de la mission est *entravé*.

Et maintenant qu'elle est revenue, que grâce au zèle infatigable et à l'énergie de son chef, bien secondé par ses membres, elle a réuni, sur les régions du Laos et des Sibsompanas, les documents les plus curieux et les moins connus, ne lui laissera-t-on tirer de ses travaux, qu'un résultat purement scientifique? Aura-t-on dépensé cinq cent mille francs et mis en œuvre les efforts d'hommes aussi dévoués au service de la cause coloniale, que pour préparer aux Siamois et aux Anglais une carte des régions au milieu desquelles ils s'avancent?

Si une politique de laisser aller et d'abandon est celle qu'on compte suivre, mieux vaut renoncer en une fois à un effort tendant à donner à notre pays une expansion coloniale. Car notre force dans l'Extrême-Orient dépend avant tout du respect qui accompagnera le nom de la France parmi nos voisins. Et tant que la Chine à droite, et le Siam à gauche pourront agir à notre égard à leur guise, et mépriser impunément les traités, nous ne pourrons avoir chez nous aucune sécurité, partant pas de prospérité.

***

P.-S. — En train de corriger les épreuves de cet article, je reçois les derniers journaux du Tonkin. — Ils ne font que confirmer ce que je viens de dire ; sans en être étonné, je suis frappé par le cri d'alarme jeté par toutes les feuilles de la colonie, par tous les colons, sans exception, contre les dangers imminents de l'invasion chinoise dans le Delta.

D'un côté, on nous signale l'envoi fait par Li-hung-Chang, à la suite d'une protestation de M. Lemaire au Tsong-li-Yamen, d'un mandarin chargé de vérifier, dans le Quangtoung, le bien fondé des réclamations du ministre de France; ainsi qu'il fallait s'y attendre, le fonctionnaire chinois qui ne s'est pas même mis en rapport avec le général Fung, ne trouve rien d'anormal dans la province qu'il parcourt; il ne constate pas de ventes de femmes annamites, pas d'échanges d'armes, pas de rapports avec les pirates. — Il fallait attendre cette conclusion de la mauvaise foi du délégué chinois.

D'un autre côté, les rapports de nos officiers nous montrent: des convois de pirates gagnant le Tonkin, accompagnés, sur territoire du céleste empire, par des *réguliers chinois;* les engagements faits ouvertement sur le territoire chinois, avec l'*aide* des mandarins militaires, de pirates à raison de six piastres par mois.

Enfin, l'on nous dit que les bandes contre lesquelles les colonnes du colonel Servière font des opérations, sont soutenues par *deux mille réguliers chinois,* commandés par le général *Fung*.

Les journaux nous apprennent qu'en dehors de la lutte à main armée, plus dangereuse peut-être que celle-ci, se fait dans le Delta une invasion de coolies, travailleurs, commerçants chinois qui, sous des extérieurs pacifiques, se préparent à grossir les renforts des pirates.

La situation, on le voit, est très dangereuse. — Qu'on y prenne garde, il est grandement temps; maintenant encore le gouvernement peut mettre un holà aux agissements hostiles de la Chine. Le pourra-t-il encore aussi facilement dans quelques années, dans quelques mois même? L'avenir nous l'apprendra. — Mais j'ai peur, et c'est avec ces mots que je veux terminer, qu'en suivant vis-à-vis de nos voisins d'Extrême-Orient la même politique de concessions et de faiblesse, on compromette pour longtemps l'avenir de notre colonie du Tonkin, en la mettant dans la situation la plus critique. — Puissé-je me tromper, être mauvais prophète ! C'est ce que je souhaite ardemment.

FIN

IMP. CHAIX, RUE BERGÈRE, 20, PARIS. — 20852-8-92. — (Encre Lorilleux)

www.ingramcontent.com/pod-product-compliance
Ingram Content Group UK Ltd.
Pitfield, Milton Keynes, MK11 3LW, UK
UKHW012240240726
13966UKWH00003B/1201